SOCIÉTÉ DES INGÉNIEURS CIVILS

Séance du 12 Janvier 1883.

DISCOURS PRONONCÉ

PAR

M. Émile TRÉLAT

PRÉSIDENT SORTANT DE LA SOCIÉTÉ DES INGÉNIEURS CIVILS

PARIS

E. CAPIOMONT & V. RENAULT

IMPRIMEURS DE LA SOCIÉTÉ DES INGÉNIEURS CIVILS

6, rue des Poitevins, 6

1883

SOCIÉTÉ DES INGÉNIEURS CIVILS

EXTRAIT DE LA SÉANCE DU 12 JANVIER 1883.

DISCOURS

DE M. ÉMILE TRÉLAT, PRÉSIDENT SORTANT.

Messieurs,

La trente-cinquième année d'existence de la Société des Ingénieurs civils prend aujourd'hui sa fin. Il faut saluer nos morts!

Je sais, Messieurs, et je dois être ici le premier à savoir qu'on n'a point à parler politique dans cette enceinte. Mais, hélas! je ne puis pas faire qu'au dessus de la politique, deux voiles funèbres ne couvrent pas la France en ce moment. Et, soulevant le dernier de ces voiles, je ne puis pas ne pas me rappeler le glorieux conducteur de notre deuxième armée de la Loire, le grand stratège, le tacticien émérite, le fier patriote qui, pendant deux mois et demi, a tenu tête à des ennemis armés de toutes pièces et rompus à toutes les difficultés. Je ne puis pas oublier Patay, Coulmiers, Beaugency, Josnes, Vendôme, le Mans; et, non plus, pendant l'armistice, cette nouvelle et magnifique ligne de défense, conçue et réalisée en quelques jours pour défendre le massif central de la France.

Et, sous le second voile, qui découvre-t-on, Messieurs? — L'initiateur de la grande défense territoriale de 1870, le régénérateur du patriotisme alangui, le pourvoyeur de nos armées improvisées, le foyer brûlant de notre résistance nationale. *Gloria victis!*

C'est à vous que je parle, Messieurs; à vous, Société des Ingénieurs civils; à vous, Société française; à vous, qui vous êtes patriotiquement associés et donnés à la défense nationale; et, devant la mort que j'ai le devoir d'interroger ce soir, puis-je donc omettre de vous arrêter un instant sur ce grand deuil, qui frappe en haut le cœur de tout Français!

J'ajoute d'ailleurs, Messieurs, que la Société des Ingénieurs civils doit un tribut particulier de reconnaissance à l'illustre mort dont je l'entretiens. C'est à Gambetta qu'elle doit d'être arrivée aux grandes commissions des Travaux publics et d'y être représentée par plusieurs de ses membres.

Messieurs, ma tâche est difficile, et déjà bien lourde est ma douleur. Il faut pourtant commencer la triste revue que j'ai à faire devant vous.

Vous avez, pendant cette année, perdu un de vos anciens présidents, M. Salvetat, qui a dirigé vos travaux en 1865. Salvetat était membre du Conseil de la Société d'encouragement. Il a longtemps professé à l'École Centrale des arts et manufactures; il a fait partie des jurys d'Expositions universelles en 1851, 1855, 1862 et 1878; il était chevalier de la Légion d'honneur, chevalier de l'Ordre de Charles III d'Espagne, chevalier de l'Ordre de Santiago de Portugal. Votre ancien président, je le retrouve bien loin dans le passé! Nous étions ensemble au collège Bourbon, devenu depuis lycée Fontanes, après avoir successivement perdu les noms de Bonaparte et de Condorcet. Puis nous nous sommes trouvés en concurrence autour d'une bourse à l'École centrale des arts et manufactures. Il y a longtemps, Messieurs; c'était en 1837 ! Il faut supposer que je pris quelqu'avance sur mon camarade; car j'obtins la bourse, et il fut ajourné. Je sortis donc un an plus tôt que lui de l'École; on me décerna le dernier diplôme de métallurgie. Il est sorti un an après; on lui donna le premier diplôme de chimie. Il savait peut-être avant moi qu'il faut se hâter lentement.

M. Salvetat est entré immédiatement à la manufacture de Sèvres. Il y a succédé à des hommes considérables, à des chimistes de renom : Laurent, Malaguti, de Marignac ; et ce fut sous des maîtres illustres qu'il commença sa carrière. Il a eu pour premier directeur Brongniart; pour second directeur, Ebelmen; pour troisième directeur, Regnault. Superbe école ! Messieurs, Salvetat a longuement travaillé et longuement alimenté les annales de physique et de chimie. Il y fit paraître des mémoires sur un jaune fusible, sur un hydrosilicate de zircone, sur l'analyse des grès cérames, sur la silice hydratée d'Alger, sur l'emploi du platine dans la peinture de porcelaine, sur des rouges pour porcelaine, sur des analyses de bronzes antiques, sur des analyses d'hydrosilicates d'alumine.

Il a fait plusieurs études sur les matières employées par les Chinois dans la fabrication de la porcelaine, et un mémoire sur les irrigations, en collaboration avec Chevandier. On lui doit deux éditions du traité de Brongniard sur *les Arts céramiques*. Il a collaboré au Dictionnaire des arts et manufactures, et à la Revue des industries chimiques et agricoles. Enfin, après trente-deux ans de professorat à l'École Centrale des arts et manufactures, il a publié, sous forme d'album, les matières de son cours. La Société d'encouragement possède dans ses archives de nombreux rapports de Salvetat. Saluons une dernière fois notre ancien président. Salvetat a eu les vertus qui sont la force et la faiblesse de ce temps. Il s'est donné tout entier à la spécialité de son choix. Ses études, ses recherches, ses efforts sont enfermés dans un cadre correctement tracé d'avance. Il y a développé toutes les puissances d'un homme solidement ramassé sur lui-même. Peut-être y a-t-il aussi laissé voir un peu de cette gêne, que gardent ceux qui n'ont pas souvent osé regarder autour d'eux?

Beaucoup d'autres collègues nous ont quittés cette année, Messieurs, Il faut en marquer ici les mémoires.

M. *Douine*, ancien élève de l'École Centrale des arts et manufactures, sorti en 1851, était un ingénieur habile, qui a consacré toute sa carrière à l'industrie de la filature. A sa sortie de l'École, il s'installa à Troyes, à la tête de l'usine qu'avait créée son père. Il l'a développée et perfectionnée, et l'a toujours tenue au niveau des meilleures filatures. Douine était, d'ailleurs un citoyen dévoué. Membre du Conseil municipal de Troyes pendant un grand nombre d'années, il était à cette tâche lorsque survint l'invasion. Tous ses compatriotes ont gardé le souvenir de son courageux dévouement et de sa patriotique sollicitude. Il était membre de la Chambre de commerce, membre du Conseil local de la Banque et du Conseil de la Caisse d'Épargne. Douine est mort à Troyes, au milieu de l'estime publique.

M. *Barroux*, ancien élève de l'Ecole Centrale des Arts et Manufactures, sorti en 1842, a d'abord été architecte à Toulon. Il a ensuite été ingénieur, au service de la voie du chemin de fer de l'Est.

M. *Benoiste*, sorti de l'École Centrale en 1872, a été employé dans la maison Joret comme ingénieur pour la construction des ponts métalliques. Plus tard, il est devenu ingénieur, chef des études, chez M. Baudet, Donon et Cie. C'est lui qui a projeté et dirigé les travaux inachevés de grosse ferronnerie du nouvel Hôtel des Postes, et des magasins du Printemps.

M. *Capuccio*, avait fait partie de la promotion de 1852, à l'Ecole Centrale. Il fut ingénieur du chemin de fer du Nord de l'Espagne, et plus tard ingénieur civil à Turin.

M. *Desnos*, que vous avez tous bien connu ici, à la tête d'un cabinet industriel. Il était sorti en 1853 de l'École Centrale des arts et manufactures.

M. *Chanoit*, ancien élève de l'Ecole de Saint-Etienne, a été sous-directeur des mines de Vicoq, directeur des travaux de recherches de Marchiennes, directeur des études de canalisation du canton de Boissy-Saint-Léger; et, en dernier lieu, entrepreneur des travaux publics.

M. *Febvre*, sorti en 1854 de l'Ecole Centrale des arts et manufactures, et depuis, ingénieur à la Compagnie de Fives-Lille.

M. *Lacretelle*, ancien élève de l'Ecole des mines de Saint-Etienne, a dirigé plusieurs exploitations minières.

M. *Gallais*, sorti de l'Ecole Centrale des arts et manufactures (promotion de 1858). Il a d'abord été occupé dans la maison Sérafin; il a ensuite été employé aux chemins de fer russes, et au chemin de fer du Nord de l'Espagne.

M. *Lemaréchal*, ancien élève de l'Ecole d'Angers, a été lamineur de métaux.

M. *Leclanché*, sorti en 1860 de l'Ecole Centrale des arts et manufactures, a été préparateur à l'Ecole de Médecine, puis ingénieur au chemin de fer de l'Est. M. Leclanché est, vous le savez, l'auteur de la pile qui porte son nom.

M. Mesdach, ancien élève de l'Ecole de Liège, d'où il était sorti en 1842, s'est occupé de la fabrication des métaux comme associé de la maison Mesdach et Œschger.

M. Friedmann, a fait ses études à Vienne (Autriche), et à Carlsruhe. Il a travaillé dans la maison Cail, où il s'est spécialement appliqué à l'étude des appareils fumivores et des injecteurs. Il s'est beaucoup occupé de chemins de fer et de métallurgie. Revenu dans son pays, où sa grande ouverture d'esprit, et son talent d'orateur le mirent promptement en relief, ses compatriotes l'envoyèrent bientôt au Conseil municipal, puis à la Chambre des députés. Au Parlement, il s'est beaucoup occupé des grandes questions de l'assainissement des villes et de l'amélioration des voies navigables.

Laissez-moi ajouter, Messieurs, que ce lointain collègue, qui n'était pas français, était ami fidèle de la France.

M. Charles Martin, employé d'abord au contrôle du chemin de fer du Nord, est entré ensuite au service du chemin de fer du Nord de l'Espagne. Plus tard, il est devenu industriel, il a fabriqué des huiles minérales et des produits pharmaceutiques.

M. Orsat, ancien élève de l'Ecole Polytechnique, sorti en 1855, et élève libre de l'Ecole des Mines. Orsat s'est consacré à l'industrie; il s'est occupé de la fabrique de céruse de Clichy, et lui a fait faire de grands progrès. Mais il ne s'est pas contenté des beaux succès qu'il a obtenus dans ce champ d'action limitée. Il s'est aussi donné à l'étude des grandes questions qui visent directement les intérêts généraux du pays. Il a été membre de plusieurs Commissions d'assainissement; on l'y avait désigné comme rapporteur, et ses rapports ont été fort remarqués. La vie d'Orsat se montrait intéressante à tous égards. En 1870, il a organisé une fabrique de cartouches. En 1871, l'Etat l'a décoré. Il a fait partie de notre Comité. La mort l'a surpris au milieu de l'estime de tous ceux qui l'ont connu.

M. le baron de Burg, était un membre honoraire de votre Société. Commandeur de la légion d'honneur, vice-président de l'Académie des Sciences de Vienne, membre de la Chambre des Seigneurs d'Autriche, professeur et directeur pendant 42 ans, de l'Ecole Polytechnique de Vienne, M. le baron de Burg fut auteur de publications multipliées; c'est à plus de cinquante que se chiffre le nombre de ses ouvrages. Il fut aussi de ceux qui de loin avaient donné leur cœur à la France ; et, quoiqu'il fut récemment venu parmi nous — il y est entré il y a deux ans, à l'âge de 84 ans — il ne cessait de témoigner sa grande sympathie et d'envoyer ses bénédictions à notre pays.

M. Rancès, est sorti en 1849 de l'Ecole Centrale des arts et manufactures. Il a fait toute sa carrière au chemin de fer du Midi, où il a travaillé 29 ans. Il était devenu directeur-adjoint de l'exploitation. Il est mort au milieu de la sympathie de tous ceux qui l'ont connu, aussi bien de ses subordonnés que de ses chefs. Et puis, Messieurs, il nous rappelle le maître le plus vénéré de cette Société : il était le gendre d'Eugène Flachat.

M. Antoine Bréguet, ancien élève de l'Ecole Polytechnique ; mort à 30 ans. Antoine Bréguet était secrétaire de l'exposition d'électricité de Paris. Il y avait été décoré à l'applaudissement de tous les gens compétents. Il dirigeait d'ailleurs, avec un grand talent cette Revue scientifique, qui répand si largement et si correctement la science dans notre pays. Antoine Bréguet était, Messieurs, un savant sur lequel tous ceux qui s'occupent de science, jetaient les yeux. Ce sont de grandes espérances qui sont emportées avec lui.

M. Lasseron, ancien élève de l'Ecole Centrale des arts et manufactures, sorti, en 1832. Remarquez la date, Messieurs : l'Ecole Centrale a été fondée en 1829. Lasseron fit donc partie de la première promotion. Il ne sont plus qu'un petit nombre aujourd'hui, ces vétérans d'Ecole ! Mais je veux vous dire ce qu'a fait celui qui vient de nous quitter. A ses débuts, il a créé une grande fonderie à Niort. Puis, il a construit un grand nombre de moteurs hydrauliques, alors que la vapeur n'avait pas encore détrôné le moteur à eau. La marine manquant d'installations suffisantes pour ses subsistances, il fut chargé par le ministère d'une mission à l'étranger, des études préliminaires et de la construction de moulins à blé dans le port de Brest. Il fut ainsi un des rares élèves de l'Ecole Centrale qui aient travaillé directement pour l'Etat. (Rires.) Il a construit un grand nombre de fours et de grues, pour les applications les plus diverses. Il a fait une longue reconnaissance industrielle en Sardaigne pour fixer la valeur des gîtes de plomb argentifère de ce pays. Il a travaillé aux premières constructions du chemin de fer de Tours à Nantes. Il a fait des fours à plâtre, à Vaujours ; et la maison Gariel lui a dû ses premières installations pour la fabrication des ciments de Bourgogne. Il a construit l'établissement thermal de Pougues. En 1850, il a été professeur adjoint à l'Institut agronomique de Versailles. Dans la dernière partie de sa vie, il a fait les distributions d'eau d'Alexandrie, de la ville de Suez et des stations de son canal maritime. Plus tard, enfin, il était devenu concessionnaire des Eaux de Galatz, de Constantinople et d'Alger.

Vous voyez, Messieurs, à quelle quantité et surtout à quelle diversité de travaux Lasseron a su pourvoir. Et, si vous ajoutez à cela qu'il était dessinateur et qu'il a laissé le témoignage de la variété et de la solidité de ses études dans vingt-cinq volumes de ses propres dessins, vous comprendrez, Messieurs, combien la vie des ingénieurs d'autrefois était différente de celle qui est, en général, faite aux ingénieurs d'aujourd'hui. Le champ du génie civil s'est si largement épanoui, l'importance des entreprises a tellement grandi, les obstacles à vaincre sont devenus si gros qu'il a bien fallu créer des régiments, des brigades, des divisions, des armées d'ingénieurs, où chacun a sa place et un rôle fermé, auquel il doit tous ses efforts dans le rang. Les ingénieurs tirailleurs n'ont guère plus de place à notre époque. Mais, sans dénigrer aucun temps et sans vouloir me faire le *laudator temporis actï*, laissez-moi rendre honneur ici à ces pionniers du génie civil, dont fut encore Lasseron; à ces hommes audacieux et divers, qui gardaient tant d'élasticité et tant de verve au milieu de l'émouvante lutte qui les entraînait. Ce fut la vie des Flachat, des Thomé de Gamond, des Vuigner, des Perdonnet, de ces beaux isolés, qui ont précédé la création de la Société des Ingénieurs civils et qui ont rendu possible celle de l'Ecole Centrale des arts et manufactures.

Maintenant, Messieurs, il me reste à vous parler de deux morts : ceux-là sont vos bienfaiteurs. Vous comprendrez que je rapproche leurs mémoires dans vos souvenirs.

M. Le Roy (Amable), sorti en 1845 de l'Ecole Centrale des arts et manufactures, débuta dans les applications comme employé chez un entrepreneur des travaux publics. Cela le conduisit dans les services du chemin de fer de l'Est, où il a fait toute sa carrière. Il était devenu inspecteur principal, quand il prit sa retraite. La Compagnie lui décerna alors le titre d'inspecteur principal honoraire en témoignage de ses bons et loyaux services. Décoré depuis 1869, il devint administrateur des mines de Firminy. Tous ceux qui l'ont connu parlent de sa douceur de caractère, de son dévouement inaltérable, de sa donation personnelle à tous ceux qui avaient besoin de son appui ou de son secours. Il vous lègue *cinq mille francs*.

L'autre bienfaiteur, Messieurs, portait un nom considérable, un nom depuis longtemps gravé dans les annales du génie civil : c'est Henri Giffard. Comment vous le peindrai-je ? Peu rompu à la société et vivant au-dessus de la sociabilité, c'était une figure originale, un esprit vigoureux, une volonté forte, un cœur fier. Il avait l'amour des pensées solitaires et le besoin des labeurs écartés. Son tempérament était de ceux qui poussent en plein vent et, que les palissages d'Ecoles courent risque d'atrophier. Aussi ne fut-il d'aucune Ecole. Bien qu'il puisât à sa manière dans l'acquit de ceux qui avaient étudié avant lui, il joignait malaisément l'effort des tiers au sien. L'*Injecteur*, qui l'a illustré, est sainement sorti tout entier de son libre cerveau. L'idée simple de régler l'alimentation de la chaudière comme l'était celle du cylindre, de fournir automatiquement le véhicule nécessaire aux calories du foyer, comme le tiroir fournissait le véhicule nécessaire aux kilogrammètres du piston, cette idée mit en marche de pied ferme la précieuse invention de Giffard. L'utilité du nouvel engin a complété la machine à vapeur en lui donnant la sécurité de marche qui lui manquait. C'est la gloire incontestée de Giffard. Mais, vue de près, la réalisation du bienfait légitime une seconde fois cette gloire par la justesse et la solidité d'esprit qu'elle dévoile.

Messieurs, Giffard n'était pas qu'un inventeur de jet. C'était aussi un chercheur patient et persistant. Il a poursuivi avec une ardeur extrême la solution du problème de la navigation aérienne. Vous savez tous le long temps qu'il y a consacré, les sacrifices qu'il y a fait, les expériences variées qu'il a poursuivies, depuis celles qui ont été entreprises avec M. Flaud pour constituer un moteur léger, jusqu'à celles qui ont abouti au grand ballon captif de 1878. Notre ami de Comberousse a dit sur la tombe de notre illustre mort un mot saisissant communiqué par un intime. Giffard se sentait au terme de ses recherches; la solution lui semblait acquise. Mais un jour, il avait entr'aperçu la guerre transportant ses horreurs jusque dans les airs; et la passion du succès l'avait abandonné ! Quelle que soit l'exactitude du récit ou de l'appréciation, l'humanité hantait fortement le cœur de l'homme; et sous des dehors âpres on découvrait aux bonnes heures, la grande, la noble sensibilité. Quel ami, sans cela, eût pu faire la confidence que je viens de rééditer ? Comment eût-elle pu surgir, si elle n'avait été au moins vraisemblable ? D'ailleurs, Messieurs, Giffard portait en lui le véritable caractère des supériorités du cœur. Il était grand et généreux. Il l'a prouvé par ses bienfaits à trois sociétés. Il nous a particulièrement mis dans l'impossibilité d'en douter ici, le jour où il a inscrit dans son testament qu'il vous léguait 50,000 francs.

Messieurs, j'ai fini; nous avons dit un dernier adieu à nos morts; mon premier devoir est accompli. Il faut maintenant parler de vos œuvres. Qu'avez-vous fait, dans le cours de cette année ? Je voudrais répondre à cette question en appréciant le sens, l'esprit et la portée de chacun de vos travaux. Mais vraiment, Messieurs, c'est devenu une tâche impossible avec le développement qu'ont pris vos études. On ne peut plus venir ici analyser en une demi-séance la riche collection des efforts qui se sont réunis dans vos vingt séances annuelles, portées cette année au nombre de vingt et une. Le temps manquerait, votre patience ferait défaut et l'œuvre serait insuffisante. Il faut savoir se borner. Je m'en tiendrai à vous indiquer les sujets qui ont été traités devant vous et à signaler les discussions, qui ont le plus marqué dans l'année.

M. Rey vous a apporté une petite communication très saisissante. Elle marque d'un trait clair l'histoire du Pertuis du Viso et fixe nettement l'époque à laquelle les travaux ont été faits.

Vous devez à M. Meyer une exposition des travaux du tunnel de l'Arlberg, présentée par M. Mallet (Anatole).

M. Dru vous a communiqué ses vues sur l'avant-projet du percement de l'isthme de Krau, au sud du royaume de Siam. Il vous a montré que ce percement soulagerait d'un long détour la navigation de l'extrême Orient.

M. l'Ingénieur des ponts et chaussées Soulié a mis sous vos yeux un projet quasi administratif de l'établissement d'un chemin de fer Métropolitain à Paris.

Avec M. Lavalard, vous avez pris connaissance du réseau et de l'exploitation des tramways établie dans le nord de l'Italie.

Vous devez à M. Hersent le récit de son dernier voyage à Panama. Et vous avez été assez touchés par la simplicité, l'abondance et la couleur de sa narration, pour vous laisser conduire sans protester dans les méandres d'un retour compliqué. J'observe même que vous n'avez fait aucune difficulté pour passer un assez longtemps à New-York avec votre conducteur.

M. Fousset vous a dédié une importante communication sur les chemins de fer en Algérie, et particulièrement sur les chemins de fer à voie étroite. Elle fera le sujet d'une discussion qui aura bien fait d'attendre la direction si compétente de mon honorable successeur.

M. Bergeron a repris devant vous son sujet de prédilection. Mais le ballastage de la voie a été pour lui l'occasion de vous apporter cette année des aperçus nouveaux, et une solution nouvelle.

Vous vous rappelez, Messieurs, la séance où M. Crampton est venu vous exposer sa conception relative aux procédés qu'il propose d'employer pour percer le tunnel sous la Manche. La craie qu'il s'agit de traverser est délayable dans l'eau. C'est à l'état de barbotine que M. Crampton la réduirait aussitôt détachée de la masse par les couteaux des perceuses, et qu'il l'écoulerait ou la monterait ensuite au jour. Je n'assistais pas à cette communication. Mais j'ai compris, à la lecture, le légitime intérêt qu'elle avait soulevé et le plaisir que vous avez eu à l'entendre sous l'habile présidence de notre collègue M. Brüll mêlant l'usage de deux langues, au grand avantage de l'auteur et au bénéfice de l'auditoire.

M. Verdeaux vous a parlé de l'avenir industriel de la Russie méridionale.

M. l'ingénieur en chef des mines Fuchs a, pendant plus de deux heures, captivé votre attention en vous montrant successivement l'Indo-Chine aux trois points de vue géographique, géologique, et etnographique. Vous avez couvert de vos applaudissements cette communication si savamment ordonnée et si artistement présentée.

Votre président vous a fait connaître, Messieurs, les résultats des travaux des différents congrès qui se sont réunis cette année.

M. Cotard a développé ici une théorie générale de l'aménagement des eaux dans ses applications à la navigabilité des cours d'eau. Cette brillante étude a entraîné après elle une communication de M. l'ingénieur hydrographe Bouquet de la Grye sur Paris port de mer; une communication de M. Bert sur le port du Havre; une communication de M. de Coene sur la Seine fluviale et maritime; et, plus tard, une communication de M. Douau sur la réfection du Port de La Rochelle.

M. Lejeune vous a présenté un grand travail, qui n'a, malheureusement, pu être discuté, et qui a pour titre : « Les chemins de fer devant le Parlement. »

Un mémoire sur les chemins de fer d'intérêt local et une étude sur le cahier des charges de ces chemins de fer vous ont été lus par M. Moreau.

M. Gautier (Ferdinand) vous a apporté une nouvelle étude sur la déphosphoration sur sole et au convertisseur Bessemer.

Notre collègue russe, M. le baron de Derschau vous a communiqué les résultats de ses études et de sa longue expérience sur l'épuration de l'eau d'alimentation des chaudières.

La grosse question de l'assainissement du casernement a été traitée devant vous par M. Tollet. Il vous a indiqué les modifications indispensables qu'il est nécessaire d'introduire dans les types de caserne du Génie militaire pour transformer d'immenses constructions, trop faciles à infecter et toujours malsaines, en casernes constamment aérées dans toutes leurs parties.

M. Giraud vous a parlé des appareils qui pourraient augmenter la sécurité si insuffisante dans les théâtres.

Vous devez à une communication de M. Casalonga, de connaître les efforts tentés par le gouvernement du Brésil, pour améliorer la loi sur les brevets d'invention.

M. Brüll vous a présenté et décrit un appareil contrôleur de la marche des locomotives.

Nous sommes à une époque, où des considérations d'ordre supérieur développent singulièrement notre réglementation publique. Mais on sait combien il est facile de se laisser entraîner dans cette voie, surtout dans les pays, qui ont, comme le nôtre, l'habitude d'une grande centralisation. Sur une petite question et dans une courte communication, M. Salomon a montré l'abus et le danger du règlement qui dépasse la mesure. *La liberté des mesures contre les accidents industriels,* tel est le titre de sa communication. Il y fixe correctement l'attention sur l'impossibilité de faire faire à la loi fermée, ce qui ne peut naître que de la liberté ouverte.

Enfin, Messieurs, parmi les sujets qu'on est venu traiter chez vous, on doit comprendre sous le titre de théorie ou de conception spéculative les trois communications suivantes :

Considération sur la thermodynamique, par **M.** Quéruel;

La loi de la chaleur spécifique, par **M.** Love ;

Une nouvelle démonstration du principe des vitesses virtuelles, par **M.** Piarron de Mondésir.

Les travaux qui vous ont été communiqués ont donné lieu à des discussions souvent nourries, quelquefois très instructives. Il convient de signaler parmi elles, la discussion du Métropolitain de Paris, où MM. Hamers, Chrétien, Vauthier, Francq, Mékarski, Armengaud, Soulié, Deligny, Level, Douau, Quéruel, Guerbigny ont pris la parole. MM. Vauthier, Deligny et Level sont venus y apporter l'expérience et l'autorité de leurs longues études municipales. MM. Francq et Mékarski y ont donné le résultat de leurs belles applications, applications qui se combattent, qui se jalousent quelquefois un peu; mais qui, l'une et l'autre, ont fourni la preuve de grands services

rendus dans les transports municipaux, et la promesse de facilités grandes
ménagées dans les difficiles solutions de locomotion au centre des capitales.
Malheureusement la question du métropolitain n'est pas prête ; elle n'est
pas mûre ; on ne l'a pas assez méditée. Les points de vue qui se rencontrent
restent partiels. Les vues qui embrassent l'ensemble des éléments si divers
du problème sont rares. Aussi, ne sommes nous pas arrivés à une fin
malgré les argumentations qui se sont produites.

Je vous rappelle, Messieurs, un autre sujet qui a aussi été discuté chez
vous avec une grande ampleur. Je veux parler de la riche rencontre d'opinions, motivée par la communication de M. Cotard déjà signalée sur le
régime des eaux. Il faut reconnaître, Messieurs, qu'avec l'Assainissement
des villes, l'aménagement des eaux revendique aujourd'hui la première
place dans les questions qui doivent fixer les soins du génie civil. Le travail de M. Cotard et ceux qu'il a amenés à sa suite ont donc bien légitime-
ment donné la parole à de nombreux orateurs. MM. Yvan Flachat, Janicki,
Molinos, Edmond Roy, Hutteau, Vauthier, Deligny, Bouquet de la Gryc,
Badois, Lebrun, Cotard, ont successivement opposé leurs idées. M. Lebrun
a introduit dans le conflit, l'esquisse d'un aménagement méthodique de la
basse Seine. M. Vauthier a développé, sur le même sujet, un travail considérable, qui à fixé votre attention par la solidité et la conscience des
études de l'auteur. Enfin, M. Ed. Roy s'est efforcé de ramener les questions
de navigabilité soulevées sur le terrain purement économique des concur-
rences internationales. Mais vos argumentations n'ont pas été seulement
entretenues par les membres de notre Société. L'aménagement des eaux du
territoire Français appartient exclusivement aux ingénieurs de l'Etat.
C'est eux qui en ont conséquemment la pratique et la compétence. Aussi,
Messieurs, m'étais-je empressé d'appeler à vos discussions hydrauliques,
MM. les ingénieurs des ponts et chaussées. Et c'est ainsi que vous avez pu
entendre dans la question des eaux, Messieurs les ingénieurs en chef des
ponts et chaussées Boulé et Fournié, et M. l'inspecteur général Schlemmer.

Voilà, Messieurs, le bilan de vos travaux. Je voudrais maintenant aborder
les actes de notre Société, où mon intervention s'est plus directement
exercée.

Vous avez à distribuer des prix, tous les ans. Je me suis permis de croire
que ces prix, toujours reçus avec reconnaissance par ceux qui les obtiennent,
auraient plus de relief s'ils étaient accompagnés d'un rapport produisant la
considération qui les ont fait distribuer.

En conséquence, sur le rapport de M. Marché, la médaille d'or de 1878,
restée entre vos mains, parce qu'aucun travail ne l'avait mérité en son
temps, a été décernée à M. Jourdain, pour son mémoire sur les *Associa-
tions de propriétaires d'appareils à vapeur*. Sur un second rapport de
M. Marché, la médaille d'or de 1881 a été attribuée à M. Démétrius

Monnier, pour son mémoire sur les *Unités de mesures des grandeurs élec-triques*.

Enfin, Messieurs, vous aviez à distribuer cette année un prix triennal, le prix Nozo. Sur le rapport de votre Président, le prix Nozo a été décerné à M. Hersent, pour les communications qu'il avait faites sur le *Dérasement de la roche la Rose*, à Brest; sur les *Travaux du port d'Anvers*, et sur les *Travaux du port de Toulon*. Et vous vous rappelez qu'en plaçant cette récompense, votre jury a pris en considération non seulement les mémoires présentés, mais aussi la grandeur des œuvres qui les ont motivés et la correction avec laquelle elles ont été exécutées.

Mais sont-ce là les seules distinctions que la Société ait faites autour d'elle cette année? Non, Messieurs, sur la généreuse initiative de votre ancien Président, M. Henri Mathieu, vous avez voulu, et voulu d'acclamation, qu'une reconnaissance sociale, en quelque sorte restée latente jusqu'à ce jour, fut manifestée dans un acte et fixée dans un objet. Vous avez voté à l'unanimité qu'une médaille d'or serait décernée à notre cher trésorier Loustau, en témoignage de gratitude, pour ses 32 loyales années de dévouement. Je suis malheureux, Messieurs, de ne pas pouvoir donner moi-même votre médaille à mon vieil ami Loustau. Il est malade, et il vient de m'écrire à l'instant, une lettre que je dois vous lire, car elle s'adresse à tous ici, la voici :

Mon cher Président,

Je m'étais fait transporter au siège social, le vendredi 5 janvier, pour les séances qui devaient avoir lieu ce jour-là.

Incomplètement rétabli, je ne me suis pas bien trouvé de cette sortie, et le médecin me prescrit de garder la chambre jusqu'à nouvel ordre.

Je suis bien contrarié d'être mis ainsi aux arrêts ! Recevez, je vous prie, l'assurance de mes regrets et celle de ma reconnaissance, que j'aurais bien voulu vous exprimer de vive voix *à tous*, pour l'honneur qui m'a été fait ; je dis *à tous*, aux amis qui en ont eu la première pensée, au Comité qui l'a favorablement accueillie, et à la Société qui a ratifié par son vote la décision du Comité.

Je crois qu'en cette circonstance mes collègues ont voulu honorer l'homme qui, pendant sa longue carrière, a toujours rempli consciencieusement son devoir, et non seulement le *devoir professionnel*, mais aussi le *devoir social*, qui nous impose l'obligation, dans les petites comme dans les grandes Sociétés, de respecter scrupuleusement les lois qui les régissent et de ne rien faire qui puisse troubler l'union et la concorde, principales garanties de leur existence.

Je fais des vœux pour qu'il en soit toujours ainsi parmi nous, et vous prie d'agréer, mon cher Président, l'expression de mes sentiments bien dévoués.

G. Loustau.

(*Très bien ! Très bien !*)

A cette lettre, Messieurs, se trouve jointe une dépêche qui charge notre secrétaire archiviste, M. Husquin de Rhéville, de vouloir bien recevoir pour

M. Loustau, la médaille que la Société des ingénieurs civils lui décerne. (*Applaudissements*).

« Mon cher Husquin, voici la médaille qu'à l'unanimité la Société des ingénieurs civils décerne à son trésorier M. Loustau. Veuillez la lui porter selon son désir, et lui exprimer la peine que nous éprouvons tous en pensant à ses souffrances. (*Applaudissements*). »

Messieurs, puisque je viens de prononcer le nom de M. Husquin de Rhéville, et puisque, si M. Loustau est notre trésorier depuis 32 ans, M. Husquin de Rhéville est notre secrétaire-archiviste depuis 35 ans, (*rires*), pourquoi ne vous dirais-je pas, même dans l'état de défaite où je me suis mis, pourquoi ne vous dirais-je pas ce que j'ai fait ? J'ai trouvé ici, dans les archives de la Société, des demandes de M. Eugène Flachat, de M. Vuillemin, de M. Perdonnet, de M. Alcan, adressées à divers ministres, pour qu'on fasse chevalier de la légion d'honneur le secrétaire-archiviste de la Société des ingénieurs civils, (*bravo ! Applaudissements*). Et alors, je me suis dit : c'est un devoir impérieux de faire ce qu'on peut, lorsqu'on occupe une place qui vous autorise à l'action. Alors, j'ai pris ma meilleure plume, j'ai écrit au ministre que nous étions une institution quasi-nationale par nos travaux, par nos études, et par nos efforts pour le bien du pays. J'ai écrit que notre vieux collaborateur de tous les jours, qui a pu consommer 26 présidents, c'est le chiffre à l'heure qu'il est sans en mourir (*rires*), a pris une large part à ces travaux. J'ai demandé au ministre de faire ce qui lui était demandé depuis si longtemps. Mais je ne me suis pas permis d'écrire tout seul. Ne pouvant rien demander aux morts, je me suis adressé aux vivants. J'ai prié mes prédécesseurs à cette place de joindre leurs signatures à la mienne, ce qu'ils ont fait avec empressement. Puis j'ai voyagé dans les ministères. J'espère que le ministre compétent satisfera notre vœu. Il m'a dit et écrit qu'il le ferait. (*Bravo ! bravo ! Applaudissements*).

La progression de ce discours m'amène, Messieurs, à un tournant fort délicat dans la voie que je suis. Il faut me mettre en scène, vous parler de moi ; et je pressens même que, dans quelques instants, je serai tout seul devant vous. Il est vrai que ce sera le moment de la séparation. Qu'ai-je fait depuis un an à cette place que j'occupe encore pour quelques instants ? Parlons d'abord des questions d'ordre matériel.

J'ai rencontré ici une chose, que je connaissais comme détestable : c'était l'état de votre salle. Cette salle était un instrument tout à fait disproportionné à l'usage qu'on en faisait. L'auditeur y était un supplicié et l'orateur un martyre. L'air, la lumière, la chaleur y étaient aménagés à contre-sens et à contre-mesure. C'était, je le répète insupportable. Et j'ajoute que c'était peu convenable au centre même de vos compétences réunies. Alors, je me suis dit : il faut approprier la salle des Ingénieurs Civils. J'ai fait le programme des améliorations et j'ai nommé une Commission. Mais, précisément au même moment, je me suis trouvé en face d'une proposition de la Société Centrale des Architectes qui cherche à s'installer et qui, profitant de ma présidence, me faisait connaitre son désir d'acheter notre Hôtel. J'ai nommé une seconde Commission. (*Rires*). Le programme que j'avais soumis à la Commission de la salle se résumait ainsi :

1° Quelque soin qu'on y apporte, les murailles profondes qui entourent la pièce restent *froides* au moment des séances, qui n'ont lieu que tous les *quinze jours*. Elles constituent alors une énorme surface de condensation, où vont s'épuiser toutes les vapeurs de la salle y compris celles de nos muqueuses asséchées. C'est là une cause de souffrance intolérable. On est toujours haletant dans notre salle : Le remède consistera à draper les murs d'une étoffe qui se mettant vite en équilibre de température avec les habitants ne fonctionnera plus comme surface d'absorption des vapeurs expirées.

2° Le gaz développe une chaleur qu'on n'est pas maître de modérer à la mesure des convenances de la salle. Il faut le remplacer par des sources lumineuses froides ou peu chaudes.

3° Le bureau et l'auditoire sont séparés par une barrière de flammes qu'il faut supprimer.

4° Il faut éclairer la salle en plaçant les foyers de lumière aussi loin que possible des habitants, les disposer de façon à ne pas créer d'ombres nuisibles et leur donner assez de puissance pour éclairer richement tout ce qui doit être vu. Il parait, dans ces conditions, que c'est à des sources lumineuses électriques qu'il faudra recourir.

5° L'appareil de chaleur ne fonctionne plus. Il faut le remplacer par une circulation de vapeur qui passera derrière la draperie couvrant les murs.

6° Enfin, tout entrant ou tout sortant est un trouble parole par le bruit qu'il fait en marchant sur des parquetsnus. Il faudra tapisser le sol.

La réalisation de ce programme aurait entraîné à une dépense d'une quinzaine de mille francs. En face de l'éventualité de la vente de l'Hôtel, le comité a pensé qu'il n'y avait pas lieu d'immobiliser ici une aussi grosse somme. Il m'a cependant ouvert un crédit de 5,000 francs.

Comme vous pouvez vous en apercevoir, on a assourdi le sol ; — on a fait disparaître, au moins pour la plus grande partie de l'année, les condensations murales, à l'aide de la tenture provisoire qui vous entoure ; — on a modifié l'éclairage. Dans les mois de juin, juillet, octobre et novembre, vous avez pu voir la salle éclairée abondamment, sans ombres portées sur les champs de vision utile et sans chaleur gênante. Nous avions alors installé des sources de lumière électrique au plafond. Mais le comité avait décidé que nous essayerions plusieurs espèces de foyers lumineux. M. Marché a installé depuis peu les magnifiques becs Siemens qui sont d'admirables sources lumineuses. Mais ils ont l'inconvénient d'être en même temps très calorifiques ; et, encore, de ne pouvoir être placés en des endroits d'où ils ne projettent pas d'ombres. Aussi, j'en demande pardon à mon cher Président, l'ombre, que j'ai en ce moment sur ma main me laisse grand partisan des couronnes lumineuses jadis placées au plafond.

Cependant, Messieurs, notons le bien acquis dans la suppression des lampes qui séparaient le bureau de la salle et laissez-moi me réjouir de vous parler ouvertement front à front, comme je le fais en ce moment.

Qu'est-il advenu des propositions qui nous ont été faites pour l'acquisition de notre hôtel ? nous ne pouvions suivre l'affaire qu'à la condition de nous préparer un nouveau siège social. Nous avons cherché des terrains et pressenti les établissements de Crédit. Un moment nous avons crû pouvoir vous transporter faubourg Poissonnière au coin de la rue Lafayette et vous y projeter une installation proportionnée à vos besoins. La déception, comme souvent cela arrive s'est montrée à nous au moment où nous croyions aboutir. Mon successeur suivra, je l'espère, plus loin que je n'ai pu le faire cette campagne nécessaire et trouvera ainsi l'occasion vraie de rendre parfaite l'installation de votre salle.

Je clos, Messieurs, ce qui a trait aux questions matérielles par un remerciement aux deux commissions qui ont bien voulu m'aider à les servir ; et j'arrive à un autre ordre de choses. Je me suis efforcé, ardemment efforcé de mettre un ordre régulier, un ordre permanent, un ordre invariable dans la diversité des travaux de nos séances. J'ai voulu que la première heure de chaque séance fût réglementairement consacrée aux communications et que le reste de la séance appartînt à la discussion de communications faites précédemment ; mais jamais à celle du sujet qui vient d'être développé. On parvient ainsi à avoir des ordres du jour certains et, surtout, comme vous avez pu vous en apercevoir, à prévenir utilement toutes les compétences et à alimenter les discussions chaque fois que cela est possible. Je crois, Messieurs, que nous avons gagné quelque avantage de ce côté.

Me voici arrivé à la partie confessionnelle de ce compte rendu. On m'a reproché, Messieurs, d'avoir laissé se produire des questions intempestives au sein de cette société, On a pensé que j'aurais pu, que j'aurais dû arrêter, avant qu'elle n'y parvînt la candidature d'un ingénieur des ponts et chaussées qui a été discutée à votre Comité. Messieurs, il n'est pire chatouilleux que les hommes de devoir et j'estime que c'est un grand bien qu'ils ne sachent pas supporter l'ombre d'un doute sur la correction de leur tenue.

Je vous ai dit à cette place, il y a un an, combien j'aspirais à élargir le champ de vos discussions. La question de l'aménagement des eaux reprise par mon ami, M. Cotard, m'est vite apparue comme une occasion qu'il fallait saisir pour atteindre ce but. Je voyais dans la navigabilité des cours d'eau, qu'il visait spécialement, une question qu'il appartenait à votre société d'éclairer. Elle est très actuelle ; les idées n'y sont pas faites ; de grandes lacunes appellent les études ; de grandes souffrances commandent de se presser. D'un autre côté, elle est très diverse et très compliquée ; elle traîne après elle de nombreux corollaires plein d'intérêt. Enfin ce n'est pas parmi vous que se trouvent les hommes d'expérience journalière, puisque l'administration des cours d'eau appartient à l'État, qui en confie l'entretien à ses Ingénieurs. En engageant cette grosse question, je ne manquai donc pas d'y appeler tous les ingénieurs spéciaux des ponts et chaussées. Vos discussions ont emprunté à ces compétences un caractère de précision qu'elles n'eussent certainement pas eu sans cela.

Mais à la suite de ces argumentations, qui mettaient fructueusement en présence des points de vue et des doctrines de différentes sources, voici ce qui advint. Un de nos plus honorables invités posa sa candidature à la Société. Il avait pris une part active à notre discussion. C'était un ingénieur en chef des ponts et chaussées, de haute compétence dans les applications hydrauliques. Il croyait de bon goût de s'offrir à partager nos charges, alors que nous l'avions mis à même de participer à nos travaux. De mon côté, j'ai pensé qu'une grande Société comme celle-ci recueillait un honneur légitime quand des hommes considérables, qui ne peuvent qu'accroître ses ressources intellectuelles et en tout cas les diversifier, venaient frapper à ses portes. J'ai présenté la nouvelle candidature au Comité. Elle a donné lieu à une discussion approfondie, dont le résultat ne pouvait offenser personne; parce qu'on ne mettait en présence que les principes. On tomba d'accord sur cette interprétation qui m'avait guidé. C'est que nos statuts ne s'opposent pas à l'admission d'un ingénieur des ponts et chaussées. Pour l'admission, elle fut rejetée par 19 voix contre 12 en raison des précédents et des précautions que cette Société désire prendre pour la conservation de son caractère.

Voilà, Messieurs, l'incident administratif, dont quelques-uns d'entre vous ont pu s'entretenir sur des indications plus ou moins vagues, et que j'avais le devoir de vous rapporter dans son exactitude.

Mais tout événement a sa portée dans une réunion comme la nôtre. On peut, et je le crois, on doit dégager celle-ci de la discussion de votre comité. Il y a parmi nous deux opinions aussi sincères, aussi convaincues, aussi passionnées du développement de l'œuvre commune, aussi respectables l'une que l'autre. L'une s'exprime ainsi : « La Société des Ingénieurs civils est un syndicat professionnel. C'est un milieu de famille. Il faut être de la famille pour y pénétrer. Ceux qui n'en sont pas n'y entrent pas. » La formule est limpide et nette. Elle a été éditée par le clair esprit du Président que je vais saluer et mettre sur ce fauteuil dans quelques instants. L'autre opinion dit : « La Société des Ingénieurs civils est une association qui détient la science de l'ingénieur. Elle doit posséder toutes les ressources propres à maintenir chez elle le niveau supérieur de cette science. Ses portes doivent s'ouvrir à toutes les compétences utiles au génie civil. » Je vous disais, Messieurs, que ces deux opinions sont respectables, et je suis sûr qu'aucun de vous ne songe à le nier. On peut ajouter que dans les luttes de l'intelligence comme dans celles des armées, si de bons remparts sont précieux dans la défaite, de bonnes troupes découvertes sont nécessaires à la victoire; mais je m'arrête.

Cependant, Messieurs, permettez-moi de vous dire qu'on n'habite pas tout un an ce fauteuil sans laisser de côté tout égoïsme, égoïsme d'intérêt, égoïsme de passion. On y devient impersonnel, ou bien on n'est pas digne d'être là. A la tête d'une Société comme celle-ci, on n'a plus de ces petites vues qui obscurcissent le but commun, ni de ces petites attaches qui vous font trébucher dans le précipice de la personnalité. A l'heure qu'il est, je n'ai certainement pas la présomption de vous léguer un conseil. Mais je me sens sollicité à formuler devant vous un vœu. Il est bon que les formes constitutionnelles d'une société soient servies par des interprétations qui se groupent en une majorité et en une minorité. C'est un témoignage de force vitale. Mais il serait dangereux qu'une opposition d'idées se transformât sur ce terrain en esprit d'exclusion. Je fais un vœu, Messieurs : Que ce mal ne naisse jamais chez nous !

Messieurs, permettez-moi d'accomplir un dernier devoir. J'ai beaucoup de remerciements à exprimer, car il m'a fallu beaucoup d'aide pour remplir une tâche qui n'était pas aussi facile qu'il peut vous sembler.

Je remercie d'abord le bureau ; mais en le remerciant je vous demande de me laisser nommer quelqu'un. Je suis sûr qu'aucun des collègues qui m'entourent ne m'en voudra. Laissez moi donc insister sur le dévouement d'un membre de ce bureau, qui a toujours du travail à donner à la Société. Quelle que soit l'heure, quel que soit le jour auxquels on l'attaque, il est toujours prêt, il a toujours de la compétence à fournir. Eh bien ! ce membre-là, c'est M. Brüll. (*Bravo, applaudissements.*)

Messieurs, je remercie le Comité et je remercie la Société de tout mon cœur. Ah ! c'est bien de tout mon cœur, je vous assure, car, avec votre concours, cette année ne s'est pas trop mal passée. Or les choses ne s'offraient pas si faciles il y a un an ! Soyons francs ! Vous m'avez mis ici à ce fauteuil avec cinq voix de majorité. J'avais donc à ma disposition 85 parties de blanc et 80 parties de noir. Et avec cela que pouvais-je faire ? un pauvre petit gris. (*Rires.*) Ce n'était pas riche. Nous avons pourtant fait mieux que cela ! Je vous demande néanmoins, Messieurs, de remarquer combien j'ai été religieux de vos votes, combien j'ai été soumis à ce qui, à mes yeux, doit être désormais servi comme une vraie religion en France : je veux parler des scrutins des corps auxquels on appartient. Aussi, Messieurs, suis-je arrivé ici, le cœur largement ouvert, à l'appel de votre petite majorité. Et j'ajoute, si quelques-uns d'entre vous ont quelquefois eu à se plaindre des sévérités du Président, qu'ils accusent l'ordre du jour qui n'est jamais qu'un brutal ! Mais qu'avec vous tous ils disent que j'ai toujours apport dans cette enceinte une large dose de belle humeur. (*Applaudissements*).

Mon cher Président, c'est le moment de s'exécuter ! Je vais vous prier de vous asseoir sur ce fauteuil ; permettez-moi de vous dire qu'il est moëlleusement rembourré de tous nos votes. Il n'en manque aucun. Asseyez-y donc avec confiance, votre belle jeunesse d'abord ; puis le prestige que vient d'y ajouter votre récente nomination de professeur à l'École Centrale des Arts et Manufactures. (*Bravo ! Bravo ! salve d'applaudissements.*)

Paris. — Impr. E. Capiomont et V. Renault, rue des Poitevins, 6.